恐龙帝国大图鉴 ④

DINOSAUR
全景高清跨页版

李媛 徐雯茜 主编

中国出版集团
现代出版社

图书在版编目（CIP）数据

恐龙帝国大图鉴：全景高清跨页版.4 / 李媛, 徐雯茜主编. -- 北京：现代出版社, 2017.5
ISBN 978-7-5143-5931-2

Ⅰ.①恐… Ⅱ.①李…②徐… Ⅲ.①恐龙–少儿读物 Ⅳ.①Q915.864-49

中国版本图书馆CIP数据核字(2017)第060663号

主　　编：	李　媛　徐雯茜
责任编辑：	袁　涛
封面设计：	本　社
出版发行：	现代出版社
地　　址：	北京市安定门外安华里504号
邮政编码：	100011
电　　话：	010-64267325　010-64245264（兼传真）
网　　址：	www.1980xd.com
电子信箱：	xiandai@vip.sina.com
印　　刷：	北京瑞禾彩色印刷有限公司
开　　本：	787mm×1092mm　1/12
印　　张：	6
版　　次：	2017年5月第1版　2017年5月第1次印刷
书　　号：	ISBN 978-7-5143-5931-2
定　　价：	36.80元

版权所有，翻印必究；未经许可，不得转载

DINOSAUR

前 言

恐龙生活在距今2.35亿年至6500万年前,是在中生代时期繁盛一时的物种。大部分恐龙已经灭绝,但是恐龙的后代——鸟类存活下来,并繁衍至今。

中生代大致被分为三叠纪、侏罗纪和白垩纪。白垩纪是中生代最后一个时期。

在这一时期,大陆之间被海洋分开,地球变得温暖、干旱。开花植物出现了,与此同时,许多新的恐龙种类也陆续登场,包括像食肉牛龙这样的大型肉食性恐龙,像戟龙这样的甲龙类成员,以及像赖氏龙这样的植食性鸭嘴龙类。恐龙仍然是陆地的霸主;像飞机一样的翼龙类——披羽蛇翼龙在天空中滑翔;巨大的海生爬行动物——海王龙统治着浅海。最早的蛇类、蛾和蜜蜂,以及许多新的小型哺乳动物也在这一时期出现了。

这本书将让你一览霸王龙的雄姿;感受似鸸鹋龙每小时60千米的速度;窥探随身携带"麦克风"的副龙栉龙……书中详尽地介绍了在白垩纪期间,恐龙发展鼎盛的景象,本书透过逼真的图片,带领我们走进那真实而又模糊的远古时代,去探索神秘的恐龙星球。

目 录

慈母龙	06
海王龙	08
恶暴龙	10
约巴龙	12
窃蛋龙	14
阿拉摩龙	16
爱氏角龙	18
冠 龙	20
风神翼龙	22
丛林龙	24
合尾龙	26
棘背龙	28
巨盗龙	30
林 龙	32
南翼龙	34
棱齿龙	36

真板头龙 ················· 38	甲　龙 ················· 54
阿尔伯塔龙 ················· 40	尖角龙 ················· 56
阿马加龙 ················· 42	腱　龙 ················· 58
埃德蒙顿甲龙 ················· 44	结节龙 ················· 60
埃德蒙顿龙 ················· 46	棘鼻青岛龙 ················· 62
沧　龙 ················· 48	无齿翼龙 ················· 64
顶冠翼龙 ················· 50	蜥鸟龙 ················· 66
独角龙 ················· 52	迅猛龙 ················· 68
	原角龙 ················· 70

慈母龙

雌性的慈母龙被称作"好妈妈"，因为绝大部分恐龙对于刚从卵中孵化的小恐龙是从不给予照顾的，而慈母龙却懂得给巢中的幼崽带回食物。雌性的慈母龙们总是共同筑巢，把卵产在一起，然后共同养育刚刚出生的后代。慈母龙的头部较长，呈扁平状，嘴有点像鸭子嘴。它的牙齿十分发达，能够采食多种植物。慈母龙用四肢行走，但是获取食物的时候是用双腿站立的。它的尾巴很长，十分坚硬，不仅可以用来保持身体的平衡，每当有食肉恐龙来袭击的时候还可以作为防身的武器，将敌人赶走。

恐龙知识档案

分类：鸟臀目鸟脚类	食性：草食性
生活期间：白垩纪晚期	
生活区域：北美洲美国蒙大拿州	

体重：4000千克
身长：6～9米

海王龙

海王龙生活在约1.455亿年至6550万年前,又名瘤龙、节龙,意为"有瘤的蜥蜴",属于沧龙科,是巨型的沧龙类,是一种巨大的肉食性动物。它们是游泳健将,四肢变成桨状的鳍,头较大,具有长而尖的嘴,嘴里长满尖利的牙齿,颈部极短,身体细长。尤为突出的是,它们有一条约占身体长度二分之一的桨状大尾,是快速游泳的强力推进器。它们与现代巨蜥、蛇有近亲关系。如同蛇颈龙类、鲨鱼、鱼类与其他沧龙类,海王龙是晚白垩纪的西部内陆海道中的优势掠食动物。

恐龙知识档案

分类：沧龙科	食性：肉食性

生活期间：白垩纪晚期

生活区域：北美洲

体重：10000千克
身长：约14米

恶暴龙

恶暴龙生活在约1.455亿年至6550万年前,主要分布在今北美洲地区,属大型肉食性恐龙,为霸王龙的近亲。它们的前肢短小,在眼睛上方有一块大骨凸。而在蒙大拿发现的恶暴龙化石,这个骨突就不太明显,在早期的恶暴龙身上甚至更小。

恐龙知识档案

| 分类：蜥臀目暴龙科 | 食性：肉食性 |

生活期间：白垩纪晚期

生活区域：北美洲

体重：4000千克
身长：约9米

约巴龙

芝加哥大学的古生物学家保罗先生带领他的小组在尼日尔共和国境内的撒哈拉沙漠挖掘出了这一庞然大物。他说恐龙化石骨骼证明了这是一种非常优秀的恐龙种类。今天我们了解的沙漠在当时并不存在。这一群恐龙很可能居住在曾经茂密的森林和宽阔的河道地区。这一小组发现了从未成年恐龙到成年的一系列的化石，说明它们是群居动物。在白垩纪时期它们仅仅在非洲得以生存和繁衍。和其他白垩纪时期的恐龙不同，这种类型的恐龙牙齿像长着勺子一样。这种牙齿非常适合用来夹住小树枝条。约巴龙的脖子由12块脊椎骨组成，和古老的梁龙等复杂的脊椎骨和尾骨相比，约巴龙的脊椎骨结构非常简单。

恐龙知识档案

分类：蜥臀目蜥脚类	食性：草食性
生活期间：白垩纪早期	
生活区域：非洲撒哈拉沙漠	
体重：18000千克 身长：约21米	

窃蛋龙

　　身材矮小的窃蛋龙，虽然并不一定要吃蛋，但因为它经常偷盗其他恐龙巢中的蛋，于是得到了这个不太光彩的名字。不过也有学者持不同的观点，说是因为窃蛋龙的化石被发现时曾在怀中抱着一枚恐龙蛋，所以被人们所误解。根据窃蛋龙的头骨化石来看，它的嘴有些类似鸟类的喙嘴，虽然口内没有牙齿，但因为下颚坚硬，它也能把蛋皮磨碎。窃蛋龙的前脚有三个脚趾，前脚趾上的爪呈弯钩状，便于抓取猎物，后脚趾上也有尖锐的爪，主要是为了更好地抓牢地面，以便加快奔跑的速度。

恐龙知识档案

分类：蜥臀目兽脚类	食性：杂食性

生活期间：白垩纪晚期

生活区域：亚洲蒙古

身长：2米

阿拉摩龙

阿拉摩龙生活在约7000万年至6500万年前,又称阿拉莫龙。它是一种大型的四足草食性恐龙。阿拉摩龙与其他蜥脚下目的恐龙相似,有着长长的颈部及尾巴,末端有着鞭索结构。阿拉摩龙的骨骼是美国西南部最为普遍的白垩纪恐龙化石,而这些骨骼现在用作判断其时代及地点。在该地区发现的其他恐龙还有霸王龙、结节头龙、副龙栉龙、牛角龙及五角龙等。

恐龙知识档案

| 分类：蜥臀目蜥脚类 | 食性：草食性 |

生活期间：白垩纪晚期

生活区域：北美洲

体重：30000千克
身长：约16米

爱氏角龙

爱氏角龙的化石是于1981年在美国蒙大拿州发现的。爱氏角龙属于角龙科，可它在此科内的属性不详。它是小型的角龙科恐龙，有着实心的头盾，但没有其他角龙科的洞孔，所以它可能是三角龙的祖先，或是在尖角龙亚科及角龙亚科之间。就像其他角龙科，爱氏角龙是草食性的。在白垩纪，开花植物的地理范围有限，所以爱氏角龙可能以当时的优势植物为食，例如：蕨类、苏铁科或松科为食物。它是用那锋利的喙状嘴来咬断叶子的。

恐龙知识档案

分类：鸟臀目角龙类　　食性：草食性

生活期间：白垩纪晚期

生活区域：北美洲美国蒙大拿州

体重：1000千克
身长：约6米

冠 龙

　　冠龙生活在约7500万年前，又名盔龙、盔头龙或盔首龙，学名意为"头盔蜥蜴"，是鸭嘴龙科赖氏龙亚科下的一属。曾经发现过冠龙表皮的化石，它的表皮长得非常凹凸不平。冠龙是种大型恐龙，长着像鸭子一样的脸。头顶上有个中空的冠子，雄性的头冠比雌性的大些。它行走时用两条腿，前臂短一些，尾巴又长又粗，跑得很快。冠龙用没牙的喙嘴咬断细枝或树叶、松针，然后放入它后面成排的牙齿间咀嚼。大约有一辆公共汽车长的冠龙，走路靠后腿，但当它进食时用较短的前腿支撑身体。它的脚趾上没有锋利的爪，所以它无法抵御食肉恐龙的袭击。

恐龙知识档案

| 分类：鸟臀目颌齿类 | 食性：草食性 |

生活期间：白垩纪晚期

生活区域：北美洲美国、加拿大

身长：约10米

风神翼龙

　　风神翼龙是种翼手龙类,也叫披羽蛇翼龙,生存在约8400万年到6500万年前,是目前已知最大的飞行动物之一。风神翼龙未成年的个体头骨长1米,翼展达5.5米;成年个体的头骨未曾发现,根据翅骨碎片来看,翼展至少有11米至12米,这可是地球生命史上最大型的飞翔动物。风神翼龙的嘴巴又长又细,口中没有牙齿;喙前端不是尖锐的,而是钝的;它的眶前孔(位于眼眶前方)巨大,差不多占了头骨全长的二分之一,这无疑为它的大头减轻了相当多的重量;风神翼龙头上有脊冠,位于眼眶前上方,这区别于该属中的其他翼龙。风神翼龙的脖子非常长,达2米多,由肩与头之间狭长的肌腱和肌肉支撑;它的腿很长,有平衡大头的作用。远观之,风神翼龙呈现了类似鹤或鹳的外表。

恐龙知识档案

分类:翼龙目神龙翼龙科	食性:杂食性
生活期间:白垩纪晚期	
生活区域:北美洲	
翼展:约12米	

丛林龙

丛林龙生活在约1.455亿至6550万年前。像大多数甲龙类成员一样,丛林龙也是一种行动缓慢的恐龙。身上有那么多厚重的坚甲压着,难怪它们总是慢吞吞的。通过观察一只恐龙的足迹化石,科学家们就可以告诉我们它能跑多快。丛林龙的坚甲不仅用于自卫,可能也用于进攻。像许多植食性动物一样,雄性在竞争中可能会做出凶猛的姿态,发出愤怒的吼叫,然后开始互相撞击。丛林龙和多棘龙很相似,这两种恐龙经常生活在一起。

恐龙知识档案

分类：鸟臀目甲龙类　　食性：草食性

生活期间：白垩纪早期

生活区域：欧洲英国

体重：5000千克
身长：约4.5米

合尾龙

合尾龙生活在约7500万年前，属于杂食性蜥臀目兽脚类镰刀龙科恐龙。它们的前肢很发达，爪子就长达70厘米，而且非常锋利。相信在猎食过程中，它们镰刀般的爪子和尖利的牙齿一定是最有利的武器。

恐龙知识档案

分类：蜥臀目镰刀龙类	食性：杂食性
生活期间：白垩纪早期	
生活区域：亚洲中国戈壁沙漠	
身长：约6米	

 # 棘背龙

棘背龙是种兽脚亚目恐龙，生存在1.12亿年到9200万年前。棘背龙是一种外貌怪诞的食肉恐龙。这么个庞然大物，竟在背上扯起一张大大的帆。这张帆由一连串长长的脊柱支撑，每根脊柱都是从脊骨上直挺挺地长出来，使得这张帆完全不能收拢或折叠。科学家认为棘背龙身长达到破纪录的17米，接近不少大型植食性蜥脚恐龙，远远把其他食肉恐龙甩在身后，是真正的最大的陆地食肉恐龙。据推测，棘背龙的帆可能是用来调节体温或吸引异性的。

恐龙知识档案

分类：蜥臀目兽脚亚目	食性：肉食性
生活期间：白垩纪中期	
生活区域：非洲埃及	

身长：12~17米

巨盗龙

巨盗龙是窃蛋龙科下的一属恐龙,生活于8500万年前。它的化石于2005年在中国内蒙古二连浩特的二连诺尔地层被发现。它与属于同一科的窃蛋龙有着同一个祖先,但对比之下,巨盗龙体形更大,约有它的近亲尾羽龙的35倍。巨盗龙是已知的最大型窃蛋龙下目,拥有葬火龙的3倍身长。它们非常聪明,成群猎食,很多恐龙都难逃被它们猎杀的厄运,故被称为"植食性动物的克星"。

恐龙知识档案

分类:蜥臀目兽脚类	食性:肉食性
生活期间:白垩纪晚期	
生活区域:亚洲中国内蒙古	
身长:约8米	

林 龙

林龙生活在距今约1.35亿年前,又称森林龙、丛林龙或海拉尔龙。林龙是相当典型的装甲恐龙,在其身体两侧长有两排尖刺,臀部也有两排尖刺,并沿背部有三列装甲,尾巴可能还有一列装甲。林龙的头部很长,更像结节龙,不太像甲龙。头部前有喙状嘴,显示它们可能是吃地面上的低矮植物。

恐龙知识档案

分类：鸟臀目多刺甲龙亚科	食性：草食性

生活期间：白垩纪早期

生活区域：欧洲英国

身长：约6米

南翼龙

南翼龙生活在距今1.455亿年至6550万年前。对于南翼龙的构造大家都不会陌生,因为现代的海洋中生活着的世界上最大的动物——须鲸便是如此,须鲸的口中没有牙齿,却长着许多取代牙齿功用的角质骨板,称为鲸须,这是位于上颌边缘许多类似梳齿的构造,鲸须所形成的梳状阵具有筛滤的作用。而南翼龙的500多颗牙齿也有这般功效。

恐龙知识档案

分类：翼龙目翼手龙亚目	食性：肉食性

生活期间：白垩纪早期

生活区域：南美洲

身长：约1米

棱齿龙

到距今1.1亿年前的白垩纪早期,出现了一些个子不大,非常善于奔跑的食素恐龙,它们就是棱齿龙。棱齿龙的喙嘴狭窄锐利,给它咬食树的枝叶带来很多便利。它们的前肢长,很适合抓扯食物并能捧食。以前,有人认为棱齿龙是在树上生活的,后来才发现它们的习性很像今天的非洲瞪羚。它们可能是鸟脚类恐龙中速度最快的一群,逃跑是它们唯一的自卫方式。

恐龙知识档案

分类：鸟脚类　　食性：草食性

生活期间：白垩纪早期

生活区域：亚洲、澳洲、欧洲、北美洲

体重：64千克
身长：约2米

真板头龙

真板头龙生活在约1.455亿至6550万年前。这种甲龙类成员成群结队地漫游在北美洲的森林中,啃食低矮的植物。它的身上布满了大大小小的棘刺和大块的角质板,僵硬的尾巴末端还长有一个硕大的骨质尾槌。对于这种体形的动物来说,真板头龙算是很敏捷的。如果受到攻击,它可以原地打转,向对手发出毁灭性的一击。

恐龙知识档案

分类：鸟臀目甲龙类　　食性：草食性

生活期间：白垩纪早期

生活区域：北美洲

身长：3～6米

阿尔伯塔龙

阿尔伯塔龙生活在约7000万年前,又名阿尔伯脱龙、阿尔伯它龙。阿尔伯塔龙是在加拿大阿尔伯塔省省立恐龙公园发现,并以此省名作为该属的名字。它是一种早期霸王龙类,比我们熟悉的霸王龙早300～800万年就横行于天下。由于它身材比较小,腿部又长,因此应该是霸王龙类里跑得最快的品种。阿尔伯塔龙是双足的捕猎恐龙,有着很大的头和长满大牙齿的颚骨及细小前肢。它可能是在生态系统食物链的顶部。阿尔伯塔龙比其著名的亲属霸王龙要细小,重量与现今的黑犀牛差不多。

恐龙知识档案

分类:蜥臀目兽脚亚目	食性:肉食性

生活期间:白垩纪晚期

生活区域:北美洲加拿大

体重:3500千克
身长:8～9米

阿马加龙

　　虽然大部分蜥脚类恐龙的身形都很巨大，但是也有例外，比如说阿马加龙，这种恐龙的体形算得上是比较小的了。阿马加龙从颈部、背部一直到尾部的身体上长有两排突起，正是因为有了这些独特的突起，才使它能够抵抗强大的肉食恐龙的攻击。据说这种突起还可以在阿马加龙身体过热或者过冷时把热量散出体外或从外界吸收热量，还真是用途广泛啊！当其他肉食恐龙来袭时，阿马加龙还可以用力挥动它那长长的尾巴来赶跑敌人。这种恐龙用四条腿行走，很喜欢吃树叶和矮小的灌木。

恐龙知识档案

| 分类：蜥臀目蜥脚类 | 食性：草食性 |

生活期间：白垩纪早期

生活区域：南美洲

体重：2000～5000千克
身长：9～10米

埃德蒙顿甲龙

埃德蒙顿甲龙和霸王龙生活在相同的时期、相同的地区，因此需要强有力的防护。当埃德蒙顿甲龙受到攻击的时候，它会匍匐在地上，以保护自己无坚甲的柔软的肚子。埃德蒙顿甲龙体形非常奇特，身体庞大，整个身体从头部往臀部越来越宽。头很小，鼻骨前端形成一对角质的、没有牙齿的喙；颈部较短；身上覆盖着一排排骨质板片，从颈部前端到肩部共有三排，最后两块骨板是最大的；身体两侧还长着几对很尖锐的骨刺；四肢十分粗壮；尾巴越往末端越细。从已经发掘出的骨质板片中可以看出，埃德蒙顿甲龙的骨板并不对称，这说明它们不是直接从皮肤中生长出来的，而是和皮肤呈一定的角度。

恐龙知识档案

分类：鸟臀目甲龙类　　食性：草食性

生活期间：白垩纪晚期

生活区域：北美洲加拿大、美国

体重：约4000千克
身长：约7米

埃德蒙顿龙

埃德蒙顿龙生活在距今约7100万到6500万年前，又称艾德蒙托龙、爱德蒙脱龙。埃德蒙顿龙化石已发现数个标本。埃德蒙顿龙的头部前端平坦、宽广，口鼻部类似鸭子，缺乏头冠，尾巴长而窄。它们的前肢短于后肢，但前肢亦有足够长度，仍适宜行走。埃德蒙顿龙属于鸭嘴龙科。鸭嘴龙亚科包含：格里芬龙、慈母龙、短冠龙、纳秀毕吐龙、栉龙、冠长鼻龙以及原栉龙。

恐龙知识档案

| 分类：鸟臀目颌齿类 | 食性：草食性 |

生活期间：白垩纪晚期

生活区域：北美洲加拿大、美国

体重：约3000千克
身长：约13米

沧 龙

沧龙的外形看起来有些像爬行动物和鱼类的混合体，它的身形十分修长，上面长有四个鳍，后面有一条长长的尾巴，皮肤上覆盖着鳞片。沧龙通过摇动它那细长的尾部来掌握游动的方向，它扭动躯干的游泳姿势和蛇有些相似。它的下颚很长，嘴张开时能够达到1米，口中有成排的尖牙利齿，有了这张大嘴和一口好牙，沧龙就可以轻而易举地把各种鱼、鹦鹉螺，还有小型的鱼龙整个吞入腹中了，"牙好，胃口就好"嘛！

恐龙知识档案

分类：海洋爬行动物类	食性：肉食性

生活期间：白垩纪晚期

生活区域：欧洲荷兰、北美洲美国

体重：6000~13000千克
身长：9~17米

顶冠翼龙

顶冠翼龙翱翔在距今约7000万至6500万年前的空中。当时，地球大陆之间被海洋分开，地球变得温暖、干旱。顶冠翼龙体形较小，生有一个尖长的喙，牙齿尖利。与其他翼龙类恐龙相比，顶冠翼龙最显著的特点在于它的头顶长有一个骨质冠。

恐龙知识档案

分类：翼龙类	食性：肉食性
生活期间：白垩纪晚期	
生活区域：北美洲	
翼展：约2米	

独角龙

独角龙，也称作刺角龙。它们最突出的特征是鼻骨上方有一个长角，可长达47厘米。独角龙拥有类似鹦鹉的喙状嘴，锐利的喙状嘴可以咬下树叶；眼睛上方有两个较小型的额角；颈上骨质颈盾向后方生长，颈盾边缘呈波浪形，由脊椎骨支撑。颈部和肩部很强壮，颈椎紧锁在一起，有极强的耐受力；尾巴短，四肢强壮。独角龙的化石数量较少，但还是能证明它与尖角龙之间有很大的差异，属于两个独立的属。

恐龙知识档案

| 分类：鸟臀目角龙类 | 食性：草食性 |

生活期间：白垩纪晚期

生活区域：北美洲

体重：约3000千克
身长：5~6米

甲 龙

甲龙意为"坚固的蜥蜴"。它的背部有厚重的坚甲,尾巴如棍棒。所有的骨头紧紧相连,甚至没有多余的空间容纳脑部。甲龙生存于白垩纪晚期,那时有许多凶恶的肉食恐龙,如霸王龙。它的骨质、钉状的骨板与尾锤都起到了很好的保护作用。剑龙类从地球上消失了,接替它们的是甲龙类。从自卫手段上看,甲龙已经使自己发展到了顶点:全身披着厚重的骨甲,有的还配有利刺。它们的后肢比前肢长,身体笨重,只能用四肢在地上缓慢爬行,看上去有点像坦克车,所以有人又把它叫作"坦克龙"。

恐龙知识档案

| 分类：鸟臀目甲龙科 | 食性：草食性 |

生活期间：白垩纪晚期

生活区域：南美洲

体重：约2000千克
身长：7~10米

尖角龙

尖角龙是一种群居恐龙，通常生活在河流、沼泽与森林边。夏天来临时，尖角龙会迁徙到食物充足的北方，即使洪水泛滥，它们也会涉水而过。尖角龙的身体非常粗壮，头比较厚重；颌部巨大有力，可以轻松地咀嚼坚韧的植物；鼻骨上方有一个尖角，颈部有一个骨质颈盾，边缘有一些小的波状隆起，上方还长着两个往下弯曲的骨质长钩；前肢比后肢略短，粗壮的四肢支撑着笨重的身体，短而宽的脚趾像扇子似的撑开，有助于分散体重。当尖角龙遇到食肉动物袭击时，它的颈盾能保护自己最薄弱的颈部，头上的尖角是最好的防御武器。

恐龙知识档案

分类：鸟臀目角龙类	食性：草食性
生活期间：白垩纪晚期	
生活区域：北美洲	
体重：约3000千克 身长：约6米	

腱 龙

　　腱龙是种体形中到大型的鸟脚下目恐龙。腱龙原本被认为属于棱齿龙类,但自从棱齿龙类不再被认为是个演化支系后,腱龙现在被认为是种非常原始的禽龙类。腱龙是一种又大又笨的恐龙,长着一条长长的特别粗的尾巴。尽管它能用脚爪踢打对方或用尾巴当作鞭子去打敌人,但它还是无法和像恐爪龙这样凶猛而且动作迅速的食肉恐龙相抗衡。由于目前只发现到它的前肢化石,因此对于这种恐龙的各项细节仍然不是很清楚。据研究认为腱龙应该是一种温顺的食草恐龙,虽然身体庞大,但缺乏自卫能力,常常会遭到比它小得多的恐爪龙的攻击。

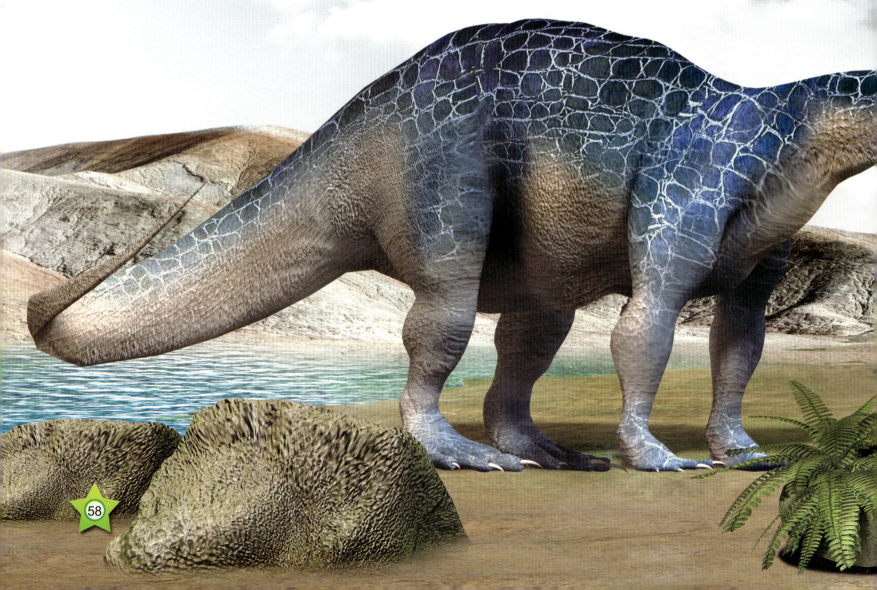

恐龙知识档案

分类：鸟臀目鸟脚类
食性：草食性
生活期间：白垩纪早期
生活区域：北美洲
体重：约5000千克
身长：7～10米

结节龙

结节龙生活在距今约7000万年前。它的头部与身体满覆瘤状骨板；钉状突起分布于体侧，尾端没有锤状突起。从外形上看，它倒更像剑龙。它的背拱起，身体滚圆，头部细小，四肢粗壮，像其他的甲龙一样，从头至尾被厚厚的骨片包裹着。它的骨片小而密，很像坦克的履带，在这些甲片上很有规律地分布着一些小小的骨突。结节龙虽然在背上布满了骨甲，但它们的口里却没有利齿，主要以植物的嫩叶和根茎为食。

恐龙知识档案

| 分类：鸟臀目甲龙类 | 食性：草食性 |

生活期间：白垩纪晚期

生活区域：北美洲

体重：约28000千克
身长：约5米

棘鼻青岛龙

棘鼻青岛龙是我国发现的最著名的有顶饰的鸭嘴龙化石,也是我国首次发现的完整的恐龙化石。棘鼻青岛龙的顶饰实际上是在相当靠后的鼻骨上长着的一条带棱的棒状棘,很像独角兽的角,从两眼之间直直地向前伸出。有人说这只角应向前倾斜,也有人说应向后倾斜,还有人说根本就不存在这只角。至于这只角的作用,更是众说纷纭,它既不像武器,也不像其他冠顶鸭嘴龙那样能扩大自己的叫声。估计它活着时体重在1500千克左右,棘鼻青岛龙的脑子很小,仅有200~300克重。

恐龙知识档案

分类：鸟臀目鸟脚类
食性：草食性
生活期间：白垩纪晚期
生活区域：亚洲中国山东省
体重：约1500千克
身长：约7米

无齿翼龙

无齿翼龙是种会飞的爬行动物。它们几乎没有尾巴，躯干很小。无齿翼龙也许会有皮毛，但是不会有羽毛。它们有个大脑袋，视力非常好。它或许较常滑翔而非飞行，而且有可能滑降水面觅食鱼类。某些证据显示无齿翼龙体覆轻毛，有可能为温血动物。有些小型的无齿翼龙比麻雀还要小，而最大型的两翼展开可达12米。

它可能像现在的鹈鹕一样用大嘴吞食鱼类。也许是为了取得头部的平衡，头顶上有一个大大的向后伸出的骨冠。这种翼龙不能长时间振翅飞行，要借助高空气流滑行飞越海洋。休息时，可能像蝙蝠那样用后肢倒挂在树枝上，也能收拢翅肢用四肢在地面做短距离爬行。

恐龙知识档案

分类：翼龙类	食性：肉食性
生活期间：白垩纪晚期	
生活区域：北美洲	

体重：约15千克
翼展：约8米

蜥鸟龙

蜥鸟龙是一种身手非常敏捷的恐龙，它有一双如铜铃般大小的眼睛。它的头部细长，身后有一条长长的尾巴。这种恐龙十分聪明，眼睛位于嘴的上部，十分明亮，所以即使在夜间它也可以轻松捕食蛇、各种小型哺乳动物，以及各类昆虫等。蜥鸟龙用双腿支撑行走，双腿十分纤长，奔跑时速度很快。

恐龙知识档案

分类：蜥臀目兽脚类	食性：杂食性
生活期间：白垩纪晚期	
生活区域：亚洲中国	

体重：13～27千克
身长：2～3米

迅猛龙

　　迅猛龙又称伶盗龙、速龙，学名的意思为"敏捷的盗贼"。虽然迅猛龙看起来小巧伶俐，却是个生性残暴的家伙。这种恐龙的化石最早是在蒙古被人发现的。它们成群结队地游荡在森林和草原间，猎杀比自己体形大得多的恐龙。它们的嘴巴狭长扁平，口中有密集而锋利的牙齿，前腿稍短，有三个细长的指头，指头上当然也少不了利爪。特别是长在后腿上的爪，是它捕猎时撕抓猎物的绝佳武器。迅猛龙的后腿十分健壮，因此跳跃自然也不在话下。长长的尾巴是在奔跑、跳跃时用来掌握身体平衡的。迅猛龙们一旦发现目标，便会迅速扑上去，跳到猎物的身体上对其发动攻击。

恐龙知识档案

分类：蜥臀目兽脚类　　食性：肉食性

生活期间：白垩纪晚期

生活区域：亚洲中国、蒙古

体重：约15千克
身长：约2米

原角龙

　　原角龙虽然被冠以"最早的有角面孔"的名字,但实际上它的脸上并没有角,而是在鼻子上方有一个巨大的突起,这种特殊的构造主要是在雄性原角龙为了争夺雌性配偶而展开决斗时使用的。在它的颈部周围有一个巨大的装饰物,嘴巴是类似鹦鹉的喙状嘴。在沙漠中行走的原角龙们有着粗壮的四肢,坚硬的嘴巴和下颚,能够很容易地粉碎植物坚韧的茎或者根部。许多原角龙卵和幼崽的化石都在沙漠地区被发现,这或许能够证明原角龙在产卵时,喜欢在沙地中挖好浅坑后再进行产卵。

恐龙知识档案

分类：鸟臀目新角龙类 食性：草食性

生活期间：白垩纪晚期

生活区域：亚洲蒙古

体重：约300千克
身长：2~3米

DINOSAUR
恐龙分类图表

恐龙

- 蜥臀目
- 鸟臀目

时代划分：
- 三叠纪（2.45亿年前 — 2亿年前）
- 侏罗纪（2亿年前 — 1.45亿年前）
- 白垩纪（1.45亿年前 — 6500万年前）

蜥臀目分支：
- 兽脚类
  - 原始兽脚类
  - 坚尾龙次亚目
    - 棘龙科（重爪龙）
    - 异特龙类
    - 暴龙类（恶暴龙）
  - 鸟类（恐爪龙）
- 蜥脚类
  - 原始蜥脚类（双脊龙）
  - 腕龙

鸟臀目分支：
- 原始鸟臀类（剑龙）
- 头饰龙亚目
  - 角龙类（三角龙）
  - 肿头龙类
- 鸟脚类（禽龙）
- 甲龙类（包头龙）
- 剑龙类